BEI GRIN MACHT SICH IHR WISSEN BEZAHLT

AF151850

- Wir veröffentlichen Ihre Hausarbeit,
  Bachelor- und Masterarbeit

- Ihr eigenes eBook und Buch -
  weltweit in allen wichtigen Shops

- Verdienen Sie an jedem Verkauf

Jetzt bei www.GRIN.com hochladen und kostenlos publizieren

Bibliografische Information der Deutschen Nationalbibliothek:

Die Deutsche Bibliothek verzeichnet diese Publikation in der Deutschen National-
bibliografie; detaillierte bibliografische Daten sind im Internet über http://dnb.d-
nb.de/ abrufbar.

Impressum:

Copyright © 2015 GRIN Verlag, Open Publishing GmbH
Druck und Bindung: Books on Demand GmbH, Norderstedt Germany
ISBN: 9783656964803

Dieses Buch bei GRIN:

http://www.grin.com/de/e-book/300094/gewindeschneiden-unterweisung-metall-
bauer-in-konstruktionstechnik

Alexander Speicher

Gewindeschneiden (Unterweisung Metallbauer/in Konstruktionstechnik)

GRIN Verlag

GRIN - Your knowledge has value

Der GRIN Verlag publiziert seit 1998 wissenschaftliche Arbeiten von Studenten, Hochschullehrern und anderen Akademikern als eBook und gedrucktes Buch. Die Verlagswebsite www.grin.com ist die ideale Plattform zur Veröffentlichung von Hausarbeiten, Abschlussarbeiten, wissenschaftlichen Aufsätzen, Dissertationen und Fachbüchern.

Besuchen Sie uns im Internet:

http://www.grin.com/

http://www.facebook.com/grincom

http://www.twitter.com/grin_com

Lehrlingsunterweisung von Alexander Speicher
Meisterprüfung Teil 4 2015

Gewindeschneiden

Inhaltsverzeichnis

1. Allgemein

1.1 Angaben zum Lehrling

Der Lehrling hat gerade sein 17. Lebensjahr vollendet und lernt im 2. Ausbildungsjahr. Sie absolvierte vor Beginn ihrer Lehre als Metallbauerin Konstruktionstechnik die Regionale Schule mit Abschluss der mittleren Reife. Ihr handwerkliches Geschick lässt sich als gut bezeichnen, fachlich sowie im Hinblick auf die Handlungskompetenzen, für einen Lehrling in diesem Ausbildungsjahr. Ihre stets aktive Mitarbeit, Teamfähigkeit und Freude an ihren zukünftigen Beruf machen sie zu einem sehr angenehmen Lehrling. Selbstständig stellt sie sich ehrgeizig und verantwortungsbewusst Problemen und Aufgaben und scheut sich nicht davor, auch einmal Fehler einzugestehen.

1.2 Ort, Zeit, Dauer

Die Unterweisung findet nach einer kurzen Einführung in die heutige Aufgabe um ca. 10-11 Uhr statt. Der Lehrling ist in dieser Zeit am aufmerksamsten und seine Leistungsbereitschaft ist am höchsten. Als Ort der Unterweisung bietet sich die Lehrlingsecke an. Sie liegt etwas abseits von der laufenden Produktion in der Werkstatt und bietet die nötige Ruhe, um etwas zu vermitteln. Die Lehrlingsecke verfügt über eine eigene Werkbank mit Schraubstock und einer Werkzeugkiste mit Grundwerkzeugen. Die Dauer der Unterweisung beträgt ca. 15-20 Minuten mit anschließender Wiederholung.

1.3 Arbeitsmittel

Ein Stück Flachstahl mit vorgebohrten löchern, Gewindeschneider , Schneidöl und ein Tabellenbuch.

2. Didaktische Analyse

2.1 Thema der Unterweisung

Gewindeschneiden

Der Lehrling befindet sich im 2. Ausbildungsjahr und soll nun beginnen, selbstständig Schraubverbindungen herzustellen, unter Aufsicht eines Gesellen. Hierzu ist es wichtig, dass ihr bekannt ist, was bei einem Gewindeschnitt zu beachten ist und ihr der Ablauf schlüssig ist.

2.2 Formulierung des Lernzielbereichs

2.2.1 Richtlernziel

Fügen (§ 4 Abs. 2 Abschnitt A Nr.9)

2.2.2 Groblernziel

Schraub- und Nietverbindungen bei Metall- oder Stahlbaukonstruktionen herstellen .

2.2.3 Feinlernziel

Herstellen eines Normgerechten Gewindes.

2.3 Formulierung der Lernzielbereiche

2.3.1 Kognitiver Bereich

Der Lehrling soll die einzelnen Arbeitsschritte verinnerlichen und verstehen. Ihr soll bewusst sein, warum sie sich an die einzelnen Schritte halten muss und dass man gerade bei der Herstellung eines Gewindes sehr genau arbeiten muss.

2.3.2 Affektiver Bereich

Der Lehrling soll sich bewusst und konzentriert Handlungsabläufen stellen und verinnerlichen. Gesonderter Wert liegt auf Ordentlichkeit und Genauigkeit innerhalb der einzelnen Arbeitsschritte.

2.3.3 Psychomotorischer Bereich

Der Lehrling beherrscht den Umgang mit Gewindeschneidwerkzeugen. Er ist in der Lage, die einzelnen Werkzeuge voneinander zu unterscheiden und korrekt zu benutzen.

3. Umsetzen von Schlüsselqualifikationen

Die angehende Gesellin soll umfassend handlungsfähig sein und zukünftige Situationen bewältigen können. Dies wird ihr möglich durch grundlegende fachspezifische Fähigkeiten, Kenntnisse und Fähigkeiten, aber auch den berufsübergreifenden Fertigkeiten, so genannte Schlüsselqualifikationen.

3.1 Schlüsselqualifikationen, die umgesetzt werden sollen

1. Genauigkeit
2. Ordentlichkeit
3. Verantwortungsbewusstsein
4. Denken in zusammenhängen

3.2 Schlüsselqualifikationen, die gefördert werden sollen

1. Genauigkeit
2. Denken in zusammenhängen
3. Ordentlichkeit/ Sauberkeit

4. Methodische Überlegungen

4.1 Sozialform, die eingesetzt wird

Die Unterweisung erfolgt ausbilderzentriert.

4.2 Lehrverfahren das eingesetzt wird

Vier Stufen Methode.
1. Vorbereitung und Einstieg
2. Vormachen
3. Nachmachen
4. Selbstständiges Üben und Erfolgskontrolle

4.3 Methodenwahl mit Begründung

Die 4-Stufen Methode wird angewandt, da dem Auszubildenden Fertigkeiten vermittelt werden sollen, bei denen es sich hauptsächlich um praktische Inhalte handelt. Dem Auszubildenden wird praxisnah vermittelt, wie ein Gewinde geschnitten werden muss. Kenntnisse und Fähigkeiten, die selbstständig erworben werden, werden sicherer und dauerhafter behalten als solche, die auf passives Verhalten oder auf Befehl basieren.

5. Ablauf der Unterweisung

5.1 Vorbereitungsphase

Den Arbeitsplatz herrichten und dem Auszubildenden erklären, dass es von nun an wichtig ist, dass er künftig selbstständig Gewinde herstellen kann, weil er diese Fertigkeit in zukünftigen Arbeitsprozessen selbstständig auszuführen hat.

5.2 Erarbeitungsphase

Der Auszubildende steht direkt neben dem Ausbilder vor der Werkbank, vor sich findet er das benötigte Werkzeug und ein vorbereitetes Stück Flacheisen an dem der Ausbilder und der Auszubildende arbeiten werden. Der Ausbilder erklärt die Werkzeuge und führt dem Auszubildenden die einzelnen Teilschritte vor, der Auszubildende macht im Anschluss die einzelnen Schritte nach unter Beobachtung des Ausbilders.

5.3 Kontrollphase

Dem Lehrling seine Arbeit selbst beurteilen lassen, anschließend eventuell aufgetretene Fehler aufzeigen.

5.4 Übungsphase

Genügend Zeit zum Üben geben, anschließend kontrollieren und anerkennen. Darauf folgt die Anpassung an echte Arbeitsbedingungen, während dessen ist darauf zu achten, dass sich keine Fehler verfestigen.

6. Arbeitszergliederung

6.1 Gliederung in „ Was, Wie und Warum"

Schritt	Was ?	Wie ?	Warum ?
1	Bereitstellen der Materialien und Werkzeuge	Durch heraussuchen und bereitlegen	Um einen reibungslosen Ablauf zu garantieren
2	Erklären der Werkzeuge	Durch ein Gespräch	Um den Auszubildenden mit den Werkzeugen vertraut zu machen
3	Werkstück einspannen in den Schraubstock	Mit den Händen	Um das Werkstück zu halten
4	Gewindeschnitt Gang 1. durch Ausbilder	Mit den Händen und dem Gewindebohrer 1.	Um den Gewindeschnitt Gang 2. vorzubereiten
5	Gewindeschnitt Gang 2. durch Ausbilder	Mit den Händen und dem Gewindebohrer 2.	Um den Gewindeschnitt Gang 3. vorzubereiten
6	Fertigschnitt Gang 3. durch Ausbilder	Mit den Händen und dem Gewindebohrer 3.	Um das Gewinde fertig zu schneiden
7	Gewindeschnitt Gang 1. durch Auszubildende	Mit den Händen und dem Gewindebohrer 1.	Um den Gewindeschnitt Gang 2. vorzubereiten
8	Gewindeschnitt Gang 2. durch Auszubildende	Mit den Händen und dem Gewindebohrer 2.	Um den Gewindeschnitt Gang 3. vorzubereiten
9	Fertigschnitt Gang 3. durch Auszubildende	Mit den Händen und dem Gewindebohrer 3.	Um das Gewinde fertig zu schneiden
10	Selbstständiges Gewindeschneiden Gang 1,2,3 durch Auszubildende	Mit Gewindeschneider 1,2,3	Zum üben und festigen

7. Lernerfolgskontrolle

7.1 Optische bzw. praktische Lernerfolgskontrolle

Kriterien der Genauigkeit und Sauberkeit beim Gewindeschneiden werden vorerst durch den Lehrling bewertet. Es wird die Wichtigkeit dieser Punkte erneut besprochen. Falls die Kriterien nicht ausreichend erfüllt sind, wird zu einem neuen Versuch aufgefordert und der Lehrling durch zureden motiviert.

7.2 Mündliche Lernerfolgskontrolle

Arbeitsschritte mündlich zusammenfassen lassen.

7.3 Schriftliche Lernerfolgskontrolle

Eine schriftliche Zusammenfassung anfertigen lassen, diese gemeinsam besprechen und anschließend in das Berichtsheft übertragen lassen.